"十三五"国家重点图书出版规划项目

画说三农书系

画说柑橘优质丰产关键技术

中国农业科学院组织编写

刘永忠　主编

徐建国　谢合平　副主编

中国农业科学技术出版社

图书在版编目（CIP）数据

画说柑橘优质丰产关键技术 / 刘永忠主编 . — 北京：
中国农业科学技术出版社，2019.4
ISBN 978-7-5116-4131-1

Ⅰ . ①画 ⋯ Ⅱ . ①刘 ⋯ Ⅲ . ①柑橘类－果树园艺
Ⅳ . ① S666

中国版本图书馆 CIP 数据核字（2019）第 067263 号

责任编辑　崔改泵　李华
责任校对　贾海霞

出 版 者　中国农业科学技术出版社
　　　　　北京市中关村南大街 12 号　邮编：100081
电　　话　（010）82109708（编辑室）　　（010）82109702（发行部）
　　　　　（010）82109709（读者服务部）
传　　真　（010）82106650
网　　址　http://www.castp.cn
经 销 者　各地新华书店
印 刷 者　北京富泰印刷有限责任公司
开　　本　880mm×1 230mm　1/32
印　　张　2.625
字　　数　71 千字
版　　次　2019 年 4 月第 1 版　2019 年 4 月第 1 次印刷
定　　价　29.80 元

编委会

《画说『三农』书系》

主　任	张合成
副主任	李金祥　王汉中　贾广东
委　员	贾敬敦　杨雄年　王守聪　范　军
	高士军　任天志　贡锡锋　王述民
	冯东昕　杨永坤　刘春明　孙日飞
	秦玉昌　王加启　戴小枫　袁龙江
	周清波　孙　坦　汪飞杰　王东阳
	程式华　陈万权　曹永生　殷　宏
	陈巧敏　骆建忠　张应禄　李志平

序言

《画说『三农』书系》

农业、农村和农民问题，是关系国计民生的根本性问题。农业强不强、农村美不美、农民富不富，决定着亿万农民的获得感和幸福感，决定着我国全面小康社会的成色和社会主义现代化的质量。必须立足国情、农情，切实增强责任感、使命感和紧迫感，竭尽全力，以更大的决心、更明确的目标、更有力的举措推动农业全面升级、农村全面进步、农民全面发展，谱写乡村振兴的新篇章。

中国农业科学院是国家综合性农业科研机构，担负着全国农业重大基础与应用基础研究、应用研究和高新技术研究的任务，致力于解决我国农业及农村经济发展中战略性、全局性、关键性、基础性重大科技问题。根据习总书记"三个面向""两个一流""一个整体跃升"的指示精神，中国农业科学院面向世界农业科技前沿、面向国家重大需求、面向现代农业建设主战场，组织实施"科技创新工程"，加快建设世界一流学科和一流科研院所，勇攀高峰，率先跨越；牵头组建国家农业科技创新联盟，联合各级农业科研院所、高校、企业和农业生产组织，共同推动我国农业科技整体跃升，为乡村振兴提供强大的科技支撑。

组织编写《画说"三农"书系》，是中国农业科学院在新时代加快普及现代农业科技知识，帮助农民职业化发展的重要举措。我们在全国范围遴选优秀专家，组织编写农民朋友用得上、喜欢看的系列图书，图文并茂展示先进、实用的农业科技知识，希望能为农民朋友提升技能、发展产业、振兴乡村做出贡献。

中国农业科学院党组书记 张合成

2018 年 10 月 1 日

前言

　　柑橘作为世界第一大消费水果，不仅营养丰富，有助于人体健康，而且柑橘树容易种植。发展柑橘产业，对我国经济发展、农民脱贫致富、实现乡村振兴战略起到非常重要的作用。

　　从 2012 年开始，在多方因素推动下柑橘行情开始全线上扬，柑橘暴利神话此起彼伏，吸引了一大批民营资本、知名企业等进入柑橘行业，柑橘扩种在广西壮族自治区和四川等地达到疯狂程度，在其他不是柑橘种植适宜区，也出现了成千上万亩的柑橘园，大家都希望从柑橘产业中淘到金矿。而现实情况是，除少部分人赚钱外，多数种植户处于微利、持平甚至亏损状态。导致这种现状的主要原因有 5 点：一是发展盲目、跟风种植现象较严重，导致总量供过于求。据国家统计局发布的《中国统计年鉴 2018》显示，2017 年我国柑橘种植面积近 4 000 万亩、总产量超过 3 800 万 t，人均年消费超过 25kg。2018 年除少部分品种还处在较高价位外，多数柑橘品种销售价格持续跌落，甚至低于成本。二是大面积种植时，仍然沿用小规模种植的建园方式、栽培模式和技术，导致田间管理很难到位、病虫害横行、品质下降。三是劳动力和高素质技术人员缺乏，大园区没有能干的技术主管，生产及其管理成本居高不下。四是种植主体缺少农业情怀、品牌滞后、种植营销机制落后。五是经济形势总体不乐观，老百姓消费力下降。

生产区域化、规模化、省力化、智能化和标准化是趋势，新形势下如何种植柑橘成为一个新的课题。本书是依据柑橘生产发展趋势，围绕优质丰产目标，从品种选择、苗木繁育、现代果园建园、土肥水管理、树体管理、花果管理、病虫害管理以及逆境胁迫管理等几个方面进行编写。本书由国家现代农业（柑橘）产业技术体系栽培岗位科学家刘永忠教授、育种岗位科学家徐建国研究员、宜昌宽皮柑橘综合试验站谢合平站长联合编写完成，其中刘永忠编写第一、七、八、九章，并负责全书统稿工作，徐建国编写第二、三、四章，谢合平编写第五、六、十章。本书没有对一些基础知识和基本原理进行过多叙述，力求简单直观，拿之能用。同时编写过程中，融入了作者对柑橘现代栽培的一些新理念和技术，不妥之处欢迎指正和探讨，期望共同为我国柑橘栽培技术的提升贡献一份力量。

本书的一些柑橘现代栽培新理念和技术源自编者们在国家现代农业（柑橘）产业技术体系（CARS-26）中的工作体会，本书的出版则离不开中国农业科学技术出版社的大力支持，以及袁野、严敏、白颖新、韦欣、柳东海、陈欢等在绘图、校稿方面的支持，在此一并表示感谢！

刘永忠

2019 年 1 月 15 日于武汉

Contents 目 录

第一章　柑橘优质丰产的决定因素 …………………… 1

一、品种与优质丰产 ………………… 2

二、气候环境条件与优质丰产 ………… 3

三、栽培技术与优质丰产 …………… 4

第二章　柑橘优质品种 ………………………… 5

一、宽皮柑橘 ………………………… 5

二、橙类 ………………………… 10

三、柚类 ………………………… 11

四、杂柑 ………………………… 13

第三章　柑橘优质丰产对环境条件的要求 ………… 18

一、温度 ………………………… 18

二、光照 ………………………… 20

三、水分 ………………………… 21

四、其他环境条件 …………………… 22

第四章　柑橘苗木嫁接繁育和高接换种 ………… 24

一、砧木选择 ………………… 24

二、嫁接技术 ………………… 26

三、壮苗与大苗培育 ………………… 28

四、高接换种 ………………… 29

第五章　现代柑橘园建设 ………………… 31

一、园地选择 ………………… 31

二、园地规划 ………………… 32

三、园地整理 …………………………………………… 35

四、苗木栽植 …………………………………………… 37

第六章　柑橘土肥水管理 …………………………………… 39

一、土壤管理 …………………………………………… 39

二、营养管理 …………………………………………… 41

三、水分管理 …………………………………………… 43

第七章　柑橘树体管理 ……………………………………… 45

一、柑橘枝梢和树体特点 …………………………… 46

二、优质丰产对树体要求 …………………………… 48

三、适宜树形培育和维护技术 ……………………… 49

第八章　柑橘花果管理 ……………………………………… 57

一、花芽分化调控 …………………………………… 57

二、花果负载调控 …………………………………… 59

三、果实提质技术 …………………………………… 59

第九章　柑橘病虫害管理 …………………………………… 62

一、柑橘生产过程中常见病虫害 …………………… 62

二、病虫害成功防控核心 …………………………… 63

第十章　柑橘逆境胁迫管理 ………………………………… 66

一、高低温管理 ……………………………………… 66

二、干旱管理 ………………………………………… 69

三、其他胁迫管理 …………………………………… 70

参考文献 ……………………………………………………… 73

第一章

柑橘优质丰产的决定因素

作为我国南方重要的产地水果，柑橘不仅营养丰富，有助于人的身体健康，而且柑橘树容易种植，在众多果树类别中，其种植技术相对比较简单，表现丰产（图1-1），因此柑橘很早就成为世界第一、我国第二大果树产业。据农业农村部统计，我国柑橘产量和面积目前分别超过3 800万t、3 800万亩*（中国农业统计资料，2018），年人均柑橘产量25~30kg，总量供过于求。在这种形势下，走优质、特色之路则是实现柑橘种植高效益的必由之路。

图1-1　温州蜜柑（A，刘永忠摄）、春香（B，刘永忠摄）、砂糖橘（C，陈传武摄）和沃柑（D，陈香玲摄）丰产性状

注：* 1 亩 ≈ 667m²，1hm² = 15亩，全书同

柑橘果实优质与否，首先要看它是否好吃，如是否肉脆化渣、酸甜适口、水分充足、风味浓厚等；其次才考虑是否好看、果实是否有香味、无核、易剥皮等因素。种植柑橘是否能够达到丰产优质目标，则主要取决于品种、种植的环境条件和合理的栽培技术3个方面，三者缺一不可（图1-2）。

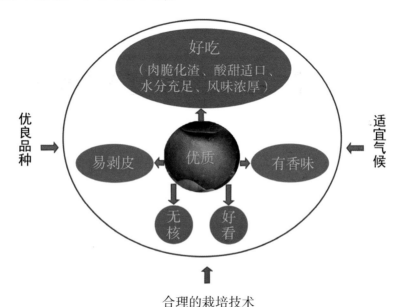

图1-2　优良品质的内涵与品种、环境条件和栽培技术的关系（刘永忠绘）

一、品种与优质丰产

柑橘品种很多，据统计，可能有1 500个以上。目前栽植的种类大概可以分为橘、柑、橙、柚、柠檬、金柑、杂柑和药用柑橘八大类（图1-3）。

要想达到优质丰产，品种是基础。品种不好，无论如何都种不出好的品质来。不过目前广泛种植的多数品种都各有特点，综合品质都还不错。选择柑橘品种，首先需要根据种植地点、种植目标去理性选择，不能轻信部分利益集团的宣传。其次，不要一味去追求新品种，新品种不一定是合适的品种。而且现阶段推广的新品种，由于急于求成，并没有进行大面积的适应性试验，往往存在很大的风险。

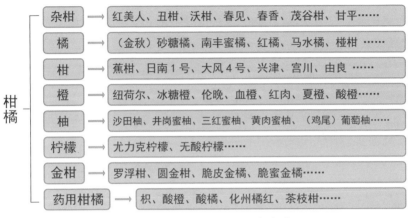

柑橘	杂柑	→	红美人、丑柑、沃柑、春见、春香、茂谷柑、甘平……
	橘	→	（金秋）砂糖橘、南丰蜜橘、红橘、马水橘、椪柑……
	柑	→	蕉柑、日南1号、大风4号、兴津、宫川、由良……
	橙	→	纽荷尔、冰糖橙、伦晚、血橙、红肉、夏橙、酸橙……
	柚	→	沙田柚、井岗蜜柚、三红蜜柚、黄肉蜜柚、（鸡尾）葡萄柚……
	柠檬	→	尤力克柠檬、无酸柠檬……
	金柑	→	罗浮柑、圆金柑、脆皮金柑、脆蜜金柑……
	药用柑橘	→	枳、酸橙、酸橘、化州橘红、茶枝柑……

图1-3 种植柑橘的类型（刘永忠绘）

二、气候环境条件与优质丰产

好的气候环境条件，是实现品种优质丰产的重要保障。花期低温、高温或多雨，果实膨大期干旱或成熟期多雨，都不能实现果实优质丰产。积温过低的地方就不宜种植积温需求高的品种，如橙类和中晚熟杂柑类品种。所以砂糖橘、沃柑等就不适宜在积温低的湖南中北部、湖北等地种植；赣南、秭归种植的脐橙品质比较好，而在湖北郧阳区种植就偏酸；湖北秭归郭家坝只有在海拔350m以下才能种出好品质的伦晚脐橙。

种植柑橘选择品种时，千万不要逆天而行，认为温度低、雨水多可以用大棚解决。在当前总量供过于求、物流相当发达的情况下，在不适宜的气候环境下种植的柑橘品质无法与适种区相比，而且成本也将大大增加，所种植的产品在市场上基本没有竞争力。所以要想种植柑橘优质丰产，必须顺天而行、适地适栽。

三、栽培技术与优质丰产

栽培技术是实现品种优质丰产的核心，再好的品种，如果没有合适的栽培技术体系，也很难获得好品质。比如红美人是一个鲜食性能很好的品种，果实光滑漂亮、水分充足、甜酸适口，但是若栽培技术不到位，就很容易导致结果多、果小、树势衰弱、裂果（图1-4）。

随着劳动力尤其是高素质劳动力的缺乏、劳动成本增加，应用系统的省力、优质栽培技术对柑橘优质丰产则显得非常重要。

图1-4　爱媛28结果性状及易裂果特征（刘永忠摄）

第二章

柑橘优质品种

柑橘品种很多，各地也有很多地方优良品种，目前大面积种植且影响较大的一些优质柑橘品种主要为宽皮柑橘、橙、柚以及杂柑几个类型，金柑和柠檬有一些优质品种，但是地域性很强。

一、宽皮柑橘

（一）温州蜜柑

温州蜜柑（图2-1）是日本500多年前从我国浙江黄岩引去的柑橘中变异而成的，以无核、糖酸适口、易剥皮、丰产稳产、易栽培而受到生产者和消费者的欢迎，经长期选育形成了熟期不同（从云南华宁、建水的8月上旬至柑橘北缘产区的12月）、品性各异的系列品系。以湖南、浙江、湖北、四川、重庆、广西、江西栽培为多，成为我国分布最广、栽培最多的柑橘品种类型。温州蜜柑拥有不同熟期的品系，选择余地大。目前栽培的有特早熟品系的大分、日南1号、由良、大浦，早熟品系的宫川、兴津、龟井，中晚熟品系的南柑20号、青岛、山田、尾张等。浙江、湖南、湖北等北亚热带产区的优质早熟品系，可选用9月中旬成熟的大分，10月上旬成熟的由良，10月下旬成熟的宫川作为配套。

品质优良、栽培广泛的宫川早熟温州蜜柑，树势中等或偏弱，树冠矮小紧凑，枝梢短密，呈丛生状。果形高扁圆形，顶部宽广，蒂部略窄。单果重125g。果面光滑，皮薄，深橙色。果肉橙红色，可溶性固形物含量12.0%，酸含量0.6%~0.7%，甜酸适度，囊壁薄，细嫩化渣，品质优良。宫川早熟温州蜜柑进入结果期早，果形整齐美观，优质丰产，抗性较强。适宜完熟栽培，可溶性固形物含量可达13.0%以上，细嫩化渣，果香浓郁，口感极佳。

温州蜜柑适应性广泛，适宜年平均温度16~17℃，冬季不低于-9℃，特别是花期幼果期对异常高温比较敏感，易致落花落果。果实膨大期在7—9月，有必要的水分供应，9—11月果实发育时期的有效积温、昼夜温差和降水量对果实的品质有明显的影响。

图2-1　宫川早熟温州蜜柑（徐建国摄）

（二）椪柑

椪柑（图2-2），又名芦柑、汕头蜜橘、白橘，广东、广西、福建、浙江、湖南、湖北、四川以及我国台湾等地均有栽培。

①太田椪柑，日本静冈选育，品质良好，在浙江地区11月中下旬成熟，不耐贮藏。新生系3号椪柑，原四川省江津园艺试验站（现四川省农业科学院园艺研究所）实生选育而成，品质优良，耐贮藏，适于中亚热带气候区。②东13椪柑，广东省农业科学院果树研究所

和杨村华侨柑橘场选育，在广东产区12月上旬成熟，适于粤东、闽南地区发展。③长源1号椪柑，选自福建诏安县，福建产地12月上中旬成熟。④黔阳无核椪柑，湖南省农业科学院园艺研究所芽变选育，品质优，早结丰产，适应性较广。⑤岩溪晚芦，福建长泰县选育出的晚熟椪柑，成熟期较普通椪柑晚60d以上，春节前后采收，可供应市场至5月初，福建南部至广东潮汕地区及云南可种植。⑥台湾椪柑，我国台湾省单株选育。少核或无核，适宜中亚热带和南亚热带栽培。

图2-2　椪柑（徐建国摄）

椪柑树势中等，树性直立，骨干枝分枝角度小。果实呈扁圆形或高扁圆形，单果重120~160g；果皮橙黄色或橙色，稍厚，有光泽，易剥离，囊瓣肾形，9~12瓣，中心柱空而大，果肉质地脆嫩、化渣、汁多、味甜，风味浓，可溶性固形物含量11%~15%，总酸含量0.5%~0.9%，维生素C含量30mg/100ml果汁，种子5~10粒（有无核品系选出），品质佳。果实11月中下旬至12月成熟，较耐贮藏。椪柑适应性较强，以福建闽南三角地区、广东潮汕地区及我国台湾南部等南亚热带中段栽培所产椪柑品质最佳，通常要求年平均温度

20~22℃，≥10℃有效积温 6 500~7 500℃·d；如偏南，随着温度的增高，品质劣变随之加剧；如偏北，尚能高产，但果皮与果肉较为紧密，含酸量提高，果型趋小，贮藏性增强，如浙江的西南部、湖南湘西地区等。椪柑适应性广，丰产稳产，优系（优株）多，各地可就近选择适宜的品系进行栽培，自南方引种要先进行试栽。

（三）砂糖橘

砂糖橘（图2-3），又称十月橘、冰糖橘，原产广东四会。该品种早结丰产性好，抗溃疡病能力较好，果肉细嫩，汁多味浓甜，品质上等，成为我国宽皮柑橘主栽品种之一，主产广东、广西，福建、江西、四川亦有分布。

图 2-3　砂糖橘（徐建国摄）

砂糖橘树势健壮，树冠圆头形，枝条细密，稍直立。果形扁圆形，单果重 62~86g；果皮橙黄至橙红色，油胞粗而稍凸起，果顶平而微凹，果皮容易剥离。可溶性固形物含量 12%~14%，酸含量0.3%~0.5%，单果种子数 5~10 粒。成熟期 11 月下旬至 12 月上旬。砂糖橘早结丰产性好，果肉细嫩，汁多味浓甜，品质上等。但贮藏性稍差。砧木可选酸橘、三湖红橘和枳。近年已选出无核砂糖橘在生产上逐步推广。

砂糖橘适宜年平均温度18℃，冬季不低于 -7℃，果实越年采摘的，冬季气温不能低于 -1℃，适于广东、广西、云南等地光热条件比较好的地区栽培。

（四）南丰蜜橘

南丰蜜橘（图 2-4），又名金钱蜜橘、邵武蜜橘（福建），莳橘（浙江），选自乳柑、乳橘。我国古老品种，有 1 300 年栽培历史。主产江西抚州、广西柳州等地，浙江、福建、湖南、湖北、四川等地有少量栽培。

南丰蜜橘树势强旺，树冠半圆头形，枝梢长细而稠密，无刺。果实扁圆形，橙黄色，单果重 30~50g。果顶平，微凹，中心有小乳凸，果皮易剥离。可溶性固形物含量11%~16%，酸含量0.8%~1.1%，少核或无核，成熟期11月上中旬。该品种汁多，具浓郁香味，品质优，丰产性好，抗寒性强，抗溃疡病，易感疮痂病。目前主要砧木是枳。通过品种整理和营养系选种，有大果系、小果系、桂花蒂系、早熟系等品系。

南丰蜜橘适应性较广，适宜年平均气温 17℃，冬季不低于 -7℃，适于江西、广西等地栽培。

图 2-4　南丰蜜橘（徐建国摄）

二、橙类

(一)脐橙

巴西从中国引进的甜橙中选出脐橙，后引入美国，选出华盛顿脐橙，世界上多数脐橙品种是从其芽变或珠心系变异中选出。我国20世纪30年代陆续引进，主产江西、四川、重庆、湖北、湖南、广东、广西。我国主栽品种有早熟的纽荷尔

图2-5　纽荷尔脐橙（徐建国摄）

（图2-5）、朋娜、崀丰，中熟的奉节72-1，晚熟的伦晚、奉晚等。

纽荷尔脐橙树势较强，树姿开张，成枝力强，枝上具小刺；果实长椭圆形，单果重250g，果形独特而美观，果皮橙红色，较光滑，脐较小，多为闭脐，果皮较难剥离。可溶性固形物含量11%~14%，酸含量0.5%~1.0%，肉质脆嫩化渣，酸甜适中，无核。果汁含糖量高，减酸早，品质优良，成熟期比朋娜略迟。结果早，丰产稳产，还具有抗日灼，抗脐黄，不裂果的特点。

脐橙适于年平均温度18~19℃，≥10℃年有效积温5 500~6 500℃·d，最低气温-5℃，年降水量1 000mm以上，年日照时数1 500h以上。我国的金沙江流域、长江三峡库区、赣南、湘南、桂北均为适宜栽培区域。

(二)冰糖橙

冰糖橙（图2-6），又名冰糖包，原产湖南黔阳，由普通甜橙芽变而来。主产湖南、云南，四川、广东、广西、贵州等地有少量栽培。

冰糖橙树势健壮，树冠圆头型，树姿开张，枝梢细长软、无刺。

果实圆球形，橙黄色，平均单果重130g左右，果皮光滑。果顶圆钝，皮较难剥离。果汁可溶性固形物含量13.0%~15.0%，酸含量0.6%，种子3~4粒。成熟期11月上中旬。该品种肉细嫩、汁多化渣，味浓甜，品质优，较耐贮藏，丰产稳产。

冰糖橙适于年平均温度18~20℃，≥10℃年有效积温5 800~6 500℃·d，最低气温-5℃，年降水量1 000mm以上，年日照时数1 500h以上。我国的金沙江流域、湘南及类似气候区为适宜栽培区域。

图2-6　冰糖橙（徐建国摄）

三、柚类

（一）琯溪蜜柚

琯溪蜜柚（图2-7），原产福建平和县，主产福建，我国柚的栽培省区均有引种。

琯溪蜜柚树势强，树冠圆头形或半圆形，枝叶稠密，内膛结果为主。果实倒卵形或梨形，单果重1 500~2 000g，果面光滑，呈淡黄绿色，果顶平，中心微凹且有明显印圈，成熟时金黄色，果皮稍易剥离。果肉质地柔软，汁多化渣，酸甜适中，可溶性固形物含量10%~12%，酸含量0.6%~1.0%，少籽或无籽。成熟期10月下旬至11月上中旬。自交不亲和，单性结实能力强，不需人工授粉。早结丰产。贮藏性不及沙田柚，容易出现粒化。以酸柚作砧。已选出红肉蜜柚、三红蜜柚等。

琯溪蜜柚适宜的年平均温度为18℃以上，年降水量1 000~1 200mm，年日照时数1 500h以上。

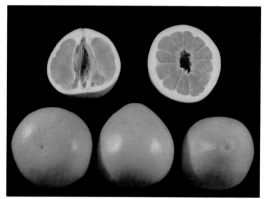

图 2-7　琯溪蜜柚（刘永忠摄）

（二）沙田柚

沙田柚（图 2-8），原产广西容县，现主产广西、广东，四川、湖南、重庆、福建、江西等地也有栽培。

沙田柚树势强健，树冠圆头形或塔形，枝梢密生，稍粗，内膛结果为主，自交不亲和，单性结实能力弱，需人工授粉提高坐果率。果

图 2-8　沙田柚

实梨形或葫芦形，单果重 1 000g 左右，果顶部平或微凹，有不整齐的印环，环内稍凸出，果蒂有长颈和短颈两种，短颈品质较好，果皮中等厚，剥皮稍难。果皮橙黄色，较光滑。果肉脆嫩浓甜，品质极佳。可溶性固形物含量 12.8%～16.0%，酸含量 0.4%～0.5%。种子较多，每果 60～120 粒。成熟期 10 月下旬至 11 月上中旬。果实耐贮运，对溃疡病较敏感，以酸柚作砧木。

四、杂柑

(一) 沃柑

沃柑 (图2-9),坦普尔橘橙与丹西红橘杂交而来的晚熟杂柑品种。

沃柑树冠呈自然圆头形,生长势强,结果后稍开张。枝梢浓绿,具短刺。果实扁圆形,中等大小,单果重165g;果皮光滑,橙色或橙红色,油胞细密,微凸或平。果顶端平,有不明显的印圈。果皮包着紧,果皮厚2.5~2.8mm,稍难剥离,囊瓣9~11瓣,中心柱半空虚;果肉橙红色,汁胞小而短,囊壁薄,细嫩化渣,多汁味甜,有香味。种子数9~20粒,种子纺锤状或棒状,单胚。可溶性固形物含量13%,可滴定酸0.47%,维生素C含量21.12mg/100ml,可食率78.80%,出汁率60.56%。

图2-9 沃柑 (徐建国摄)

沃柑耐寒性中等,适宜年均温17.5℃以上的柑橘产区种植,要求冬季最低气温不低于-1℃。生产中可选用香橙、红橘、枳、枳橙作砧木。香橙砧长势快产量高,枳砧品质好,抗旱能力强,选用无病苗木种植并加强对溃疡病的防治。

沃柑适宜在光热条件较好的地区发展,在广西南宁,3月下旬初花,4月上旬盛花,翌年2月上旬到3月下旬成熟。在重庆北碚,4月中旬开花,11月中下旬转色,1月中旬成熟,果实耐贮藏。目前在广西南宁、柳州，云南宾川、玉溪等地发展种植面积较大。

（二）红美人

红美人柑橘（图2-10），又名爱媛28号，日本爱媛县果树试验场以南香×天草杂交而成的杂柑品种。

红美人柑橘生长势中等，树冠呈自然圆头形，幼苗期及高接树初期易发生徒长枝，枝条较披垂。果实大，高扁圆形，单果重230g，果皮薄而较光滑，果皮厚2~3mm，油胞大，略凸，成熟后果皮色泽浓橙色，果皮包着较紧，可剥。果肉橙色，细嫩化渣，汁多味甜，可溶性固形物含量11%~13%，可滴定酸含量0.7%~0.9%，维生素C含量31mg/100ml，可食率86.83%，出汁率56.16%。通常9月上旬果实开始着色转黄，10月中下旬成熟，大棚设施栽培可至翌年1月采收。

红美人柑橘适应性较广，适宜年均温17.5℃以上的柑橘产区种植，冬季最低气温不低于-7℃。在浙江、四川、重庆、湖南、广东等地有栽培。在柑橘的北缘地区，应采用保护地设施栽培。

图2-10 红美人柑橘（徐建国摄）

（三）春见

春见（图2-11），日本果树试验场兴津支场以清见和F-2432椪柑杂交育成。

春见橘橙树势较强，树姿较直立，枝条细小、紧凑、近无刺；果实呈高扁圆形，单果重 225g，果皮橙黄色，厚 0.3cm；果面光滑，有光泽，油胞细密，较易剥皮。果肉橙色，肉质脆嫩、多汁、囊壁薄、极化渣、糖度高，风味浓郁，酸甜适口，可

图 2-11　春见（徐建国摄）

溶性固形物含量 14.5%，维生素 C 含量 30.5mg/100g，可食率 76%，无核，品质优，耐贮藏。翌年 2—3 月成熟。

春见橘橙适宜年均温 17.5℃以上，冬季最低气温不低于 -1℃。在四川、重庆、浙江、湖南等地有栽培。

（四）不知火

不知火（图 2-12），日本农林水产省果树试验场口之津支场以清见与中野 3 号椪柑杂交育成。

图 2-12　不知火（徐建国摄）

不知火橘橙树势中等，幼树较直立，进入结果期后开张。枝梢密生，细而短。叶略小，与椪柑相似。多为有叶单花，但也有总状花序，单性结实性强。果实倒卵形或扁球形，单果重 260g，果梗部

有短颈或无。果皮黄橙色，厚 3.5~5mm。成熟时果皮略粗，易剥皮，无浮皮。成熟时果肉橙色，可溶性固形物含量 12.9%~16.1%，酸含量 1% 左右，肉质脆嫩化渣，汁多味浓，有香气，无核或少核，风味品质优，翌年 3—4 月成熟。不知火具有坐果率高、晚熟、耐贮藏、糖度高、外观独特、风味品质优的特性。

不知火橘橙适宜年均温 17.5℃ 以上，冬季最低气温不低于 -1℃，选择冬季无霜期长的冬暖地区或有水库、湖泊等两岸小气候条件好的地方发展。在四川、重庆、浙江、湖南等地有栽培。

（五）大雅柑

大雅柑（图 2-13），中国农业科学院柑橘研究所以清见与新生系 3 号椪柑杂交育成的晚熟橘橙杂种。

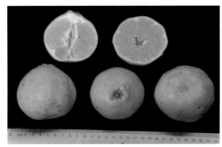

图 2-13　大雅柑（伊华林提供）

大雅柑树势中庸，树冠圆头形，开张，无刺。果实大，阔卵圆形，单果重 270g，果皮橙黄色，较光滑，油胞中等大小，皮松软易剥离，果皮厚 0.37cm。果基部具有短颈，果顶凹，花柱常宿存。中心柱空，果肉橙色，囊瓣大且整齐，常 9 瓣，肉质细嫩化渣，汁多味浓，酸甜爽口，可溶性固形物含量 12.5%，可滴定酸含量 0.60%，维生素 C 含量 317.5mg/L，可食率 80.59%，出汁率 66.11%，品质

极优。无核，偶见 2~3 粒种子。果实 1 月下旬成熟，可延长采果期
到 3 月中旬，但果实过熟后易致果肉囊壁内裂且易浮皮，不耐贮运。

　　大雅柑适宜年均温 17.5℃以上，冬季最低气温不低于 –1℃，选
择冬季无霜期长的冬暖地区或有水库、湖泊等两岸小气候条件好的
地方发展。目前四川种植较多。

第三章

柑橘优质丰产对环境条件的要求

一、温度

温度不仅影响柑橘的产地分布，而且对植株的生长发育、果实的膨大有着很大的影响，如花期和果实发育期的高温会引起异常落花落果，冬季低温会引起冻害（图3-1）。

（一）低温和高温

柑橘性喜温暖，其适宜的生长气温在23~29℃。在各环境因子中，温度对柑橘生长影响最大，不同柑橘种类耐寒性存在着一定的差异（表3-1）。

表3-1 柑橘类对年平均气温和冬季极端最低气温的要求

品种	年平均温度	极端最低气温	备注
温州蜜柑、本地早	16℃以上	-9℃以上	
宽皮橘（含红橘）	16℃以上	-7℃以上	品种间差异极大
脐橙、葡萄柚	16℃以上	-4℃以上	采收前不出现-3℃
文旦柚	16℃以上	-5℃以上	
橘柚类、橘橙类	16.5℃以上	-3℃以上	采收前不出现-3℃
椪柑	17℃以上	-3℃以上	
甜橙	18℃以上	-5℃以上	采收前不出现-3℃
柠檬类	17.5℃以上	-2℃以上	

当气温降到12℃以下时，柑橘生长基本停止，虽然冬季低温有利于花芽分化，但是冬季温度过低，轻则引起大量落果，持续时间过长则会引起冷害和冻害，重则冻死（图3-1）。

图3-1 低温导致落果（左，徐建国摄）以及对柑橘树体产生伤害（刘永忠摄）

高温也不利于柑橘生长发育，当气温上升到35℃时，光合作用降低一半；当温度超过40℃时，柑橘植株停止生长。持续高温还会导致干旱，柑橘树体生长停止，出现果实变小、枝干、叶片、果实灼伤等问题。

（二）温度与果实品质

在一定的温度范围内，柑橘果实的含糖量随温度升高而递增，含酸量则随温度下降而递增。有研究表明，年有效积温 ≤ 8 000℃·d，年平均温度 ≤ 22℃，甜橙的品质随着气温的升高，含糖量、糖酸比增高，含酸量、维生素C含量下降，风味甜浓，品质较佳。而温州蜜柑果实的糖分在20~25℃的温度域积累最高，采前2个月亦即果实成熟期的气温状况，对果实的可溶性固形物含量、柠檬酸、着色均有不同的影响，处在高温区（相对于对照区而言）的酸度降低快，低温区则降酸慢。

成熟柑橘果实的着色也受到温度的影响，果实成熟期通常随着气温下降，果皮中的叶绿素逐渐降解，类胡萝卜素增加。而当平均年气温 >20℃的产区，叶绿素不会分解，果皮仍然保持绿色。如温州蜜柑就存在果肉先熟，果皮后熟的现象，海南的"绿橙"也是同样的道理。

另外，年平均温度越高，通常可食率越大。在一定温度范围内，温度高则果皮薄，温度低则果皮厚。

二、光照

（一）日照时数与光照强度

柑橘是短日照果树，喜漫射光、较耐阴，光照过强或太弱都不好，一般要求年日照时数 1 200~1 500h。柑橘的光合作用及正常生长所必需的光照强度为 9 000~13 000lx（勒克斯），而夏季的日照强度有时可达到 37 000lx。

（二）日照与果实品质

光照不足，会引起落花落果，叶片增大变薄，叶色变淡，内膛枝条枯死，果实品质下降。从开花期到幼果期，连续阴天或降雨、日照不足会促进落果，尤以脐橙特别敏感。柠檬、甜橙、葡萄柚及一些杂柑类在我国的一些产区所结果实的香气明显不足、品质差，晚熟的夏橙、不知火等果实出现回青现象，均与光照不足有关。另一方面，强烈的全日光照不仅会抑制营养生长，还常常引起枝干和果皮的灼伤（图 3-2）。光照对果实品质影响最大的时期是果实膨大后期及成熟期，果汁中可溶性固形物含量、含糖量和糖酸比等都与光照强度成正比。

对不同柑橘品种来说，宽皮柑橘对光照要求较多，而甜橙、柚类较为耐阴。因此要根据各个品种对光照的不同要求，合理安排种植，结合综合技术措施，使柑橘园的光照强度调节到适宜的强度。

图 3-2 柑橘叶片、枝干和果实发生日灼情况（刘永忠摄）

三、水分

（一）降水量

柑橘是常绿树，没有休眠期，需要全年有水分供应。柑橘生长一般要求年降水量 1 000~1 500mm，空气的相对湿度 75% 左右，土壤的相对含水量 60%~80%。但大多数产区的雨量分布不均，仍需要进行灌溉，尤其是有明显旱季雨季之分的地区，如云南多数产区。过多的雨量或干旱对柑橘均不利，如夏秋季久旱后遇骤雨，就易引起裂果（图3-3）；采果时节阴雨连绵，会降低果实着色、品质和耐贮性。

生长发育过程中持续降雨将导致新梢徒长，易遭受病虫害的侵害，同时不利于花芽形成。降水过多、土壤积水，将减弱根系吸收能力，甚至导致烂根，严重时会使植株死亡。

图 3-3 柑橘因持续干旱后遇骤雨产生裂果现象（徐建国摄）

（二）水分与果实品质

水分对柑橘果实品质有重要的影响，在果实膨大期出现持续严重干旱，一般果实变小、汁液少、可溶性固形物和可滴定酸都会增加，但是果实风味变酸（图3-4）。果实成熟期适当干旱则可以提高果汁的糖度，其效果可以持续到采收期。

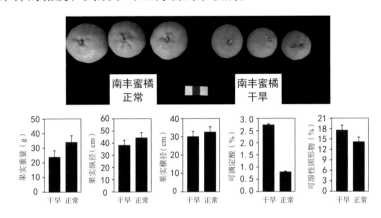

图3-4　膨大期持续干旱对南丰蜜橘果实大小及品质影响（白颖新提供）

四、其他环境条件

（一）土壤

土壤对柑橘栽培的影响主要是土层厚度、土壤酸碱度（pH值）、土壤质地、土壤母质及元素含量的多少。柑橘优质果实生产要求土壤具有土层深度中等（1m左右），有机质达2%~4%，pH值在5.5~6.5，偏好物理性状良好的沙土和沙壤土，通透性良好（含氧量在2%~8%），地下水位在1.0m以下。对于不适宜的土壤，仅对种植区域的土壤进行改良即可。

土壤中各种养分的溶解度与其pH值有关（图3-5），合适的土壤pH值条件对柑橘健康生长非常重要。一般情况下，pH值在5.5~6.5时植物养分比较有效；当pH值超过7.0时，铁、锰、锌等养分的有效性很低，就很难被柑橘根系所吸收。连续大量使用硫酸铵、过磷酸钙等生理酸性肥料，会促进土壤酸化，导致锰素中毒，会引起柑橘的异常落叶。

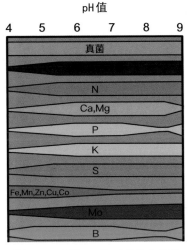

pH 值

图 3-5　土壤 pH 值对养分有效性的影响（袁野绘）

（二）坡向与坡度

坡向与位置对优质果生产有影响。坡地橘园的南面与北面温度不一，北坡温度变化剧烈；不同海拔高度的温差也相距甚大，海拔高的地带气温低，海拔低的山沟温度变化也剧烈，山腰逆温层地段比较温暖，容易生产出优质果。此外，平坦地与坡地之间，不仅气温、光照气象条件不同，而且土壤水分状况亦有差别。

总之，各个因素对柑橘的影响是综合性、相互影响的。因此必须对栽植柑橘的各种自然环境进行深入细致的调查研究，才能针对不利因素，制定相应的技术措施，形成理想的环境条件，生产出优质果。

第四章

柑橘苗木嫁接繁育和高接换种

柑橘目前主要采用嫁接技术繁育苗木和更换品种。无病毒壮苗、大苗是提高柑橘种植效益的重要途径之一。

一、砧木选择

柑橘砧木种类多样，主要有枳（*Poncirus trifoliata* Raf.）、酸柚（*Citrus grandis* Osbeck）、酸橘（*Citrus sunki* Hort. ex Sakurai）、红橘（*Citrus tangerina* Hort. ex Tanaka）、酸橙（*Citrus aurantium* Linn.）、香橙（*Citrus junos* Tanaka）等。不同砧木品种特性不一，需要根据实际需求进行选择（表4-1、图4-1）。

表4-1　主要柑橘砧木品种的特性

砧木品种	生物学特性、产量、品质	环境适应性	病虫害抗性	适合穗木品种	应用产区
枳	树冠较矮化、根域小、果中小，提早结果，品质优良	耐寒性强，耐旱性弱，适黏土，不耐湿，耐盐性弱，不适石灰性土壤	抗速衰病、脚腐病、流胶病、线虫、立枯病，对裂皮病、碎叶病敏感	宽皮橘、甜橙、金柑、部分柚类	各柑橘产区
枳橙、枳柚	树冠中，根系发达，丰产，果实大，品质良	耐寒性强，耐盐性弱，耐瘠薄，对石灰性土壤以外的适性广	抗速衰病、立枯病，对裂皮病、线虫敏感，天牛喜欢	甜橙、葡萄柚、宽皮橘、柠檬	重庆、湖北

（续表）

砧木品种	生物学特性、产量、品质	环境适应性	病虫害抗性	适合穗木品种	应用产区
酸橙	树势中强、树冠中，丰产，果中大	耐寒性强，耐盐碱性强，过湿则树势弱，适中黏质土	对速衰病、线虫敏感，抗立枯病	几乎全部品种	浙江
枸头橙	树势强，树冠大，深根性，根系深广，投产迟，品质中，后期丰产	较耐寒，耐旱、耐湿、耐盐碱性强，适应黏重土壤和黏重的红壤土	较抗脚腐病，对碎叶病、裂皮病具抗性，对衰退病敏感	几乎全部品种	浙江
酸柚	树势强健，深根性，垂直大根较多，须根少，丰产、大果	适宜土层深厚、肥沃、排水良好，耐碱性较枳砧强，但耐寒性不如枳砧	耐热、抗根腐病、流胶病及吉丁虫	柚类、葡萄柚类、柠檬类	广东、福建、台湾、四川、重庆、浙江、湖北、湖南
红橘	树冠生长中庸，直立性强，根系发达，细根多，结果早，果实品质好，丰产	耐旱、耐瘠、耐湿、耐盐碱，抗风力稍弱	耐衰退病、裂皮病，抗脚腐病的能力较强，天牛喜欢	宽皮柑橘、甜橙、柠檬	福建、四川、重庆、湖北、江苏
酸橘	树冠高大，树势较强，根系发达，丰产稳产，大小年不显著，果实品质优良	对土壤适应性广，抗风力较强，耐旱、耐湿、耐热，但不耐寒	对脚腐病、天牛等抗性较差	甜橙、蕉柑、椪柑等	广东、台湾、广西、海南
香橙	树势较强，根系深，晚结果，结果较枳稍晚，后期产量高	抗寒抗旱，耐盐碱	较抗脚腐病、衰退病	温州蜜柑、甜橙、柠檬、金柑	福建、四川、重庆、广西、云南

（续表）

砧木品种	生物学特性、产量、品质	环境适应性	病虫害抗性	适合穗木品种	应用产区
红檬檬	树冠生长快，根系较浅，根群较稀疏，吸肥力强，苗期生长快，进入结果期最早，单株产量高	耐湿、耐热、较耐盐碱、适合潮湿沙壤。不耐旱、不耐寒（低于 −3℃易受冻害）	抗速衰病，不抗流胶病和疮痂病，对裂皮病和脚腐病敏感	宽皮柑橘、甜橙、金柑	广东、台湾、海南

 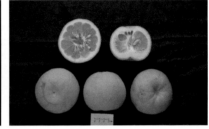

图 4-1　柑橘砧木枳（左）和枸头橙（右）的果实（徐建国摄）

　　砧木对树体的生长结果和环境适应性起重要作用，影响到柑橘植株的生长势、产量、品质、抗逆性等。我国柑橘适栽区域广，土质、地形、土壤与气候条件多样，相应地对柑橘砧木的选择也呈现多样性。例如海涂等 pH 值较高的橘园已选择抗盐的砧木，而选用枳为砧木，容易出现缺铁现象、树势衰弱，因此各地应慎重选择适于本地区利用的优良砧木类型和适宜的砧穗组合。

二、嫁接技术

　　柑橘繁殖或高接换种采用的嫁接技术主要是嵌芽接（芽片腹接）和枝切接（图 4-2）。嵌芽接主要嫁接时期在秋季（8 月下旬至 9 月下旬），而枝切接主要在春季萌芽前后（3—4 月），尽量在接穗芽没有萌动前进行。

嫁接的接穗必须从品种纯正、无病毒的采穗圃中剪取，以树冠外围中上部老熟、生长健壮、充分成熟、无病虫害的枝条为优。接穗剪下后立即除去叶片，如果接穗不当天使用，可用保鲜膜包好放阴凉处或冰箱（3~8℃）冷藏。为了培育壮苗，嫁接砧木的粗度以干径达到0.4~0.5cm较好，嫁接高度以离地面10cm左右为宜。

图4-2　柑橘的嵌芽接和枝切接（刘永忠摄）

　　嫁接10d后即可检查成活情况，未成活的芽应及时补接。对于秋季嵌芽接的芽，在翌年春季萌芽前要及时剪砧、解薄膜、除萌（图4-3）；对于春季枝切接的芽，如果是苗木繁殖，则注意除萌蘖和适时解薄膜，必要时立支柱；如果是高接换种，则待萌芽后分步除萌蘖（先去除枝接芽下面10~20cm的萌蘖，

图4-3　剪砧和萌蘖抽生及除萌蘖（刘永忠摄）

然后根据树冠恢复情况，逐步从基部去掉其他萌蘗），适时划开绑缚的薄膜，必要时立支柱。在萌芽和新梢抽生过程中，注意木虱、潜叶蛾、红蜘蛛、溃疡病等病虫害防治。

三、壮苗与大苗培育

现代果园建园在选择合适的品种和砧穗组合后，一定要把握种苗质量，选择2~3年生的无病毒壮苗、大苗或容器苗，对提高栽植成活率、降低管理成本、提早结果和果园经营效益具有重要意义。

苗木培育有专门的育苗公司培育，为了节约苗木购买和运输成本，可以考虑提前从育苗企业购买1~2年生的无病毒健壮的嫁接苗木，在果园附近进行集中假植培育1~3年（图4-4），然后大苗（冠高1.5m左右）栽植，做到当年种植、当年结果。

图4-4　露地、营养袋和网室集中假植培育大苗（刘永忠摄）

集中假植培育大苗有以下3个优势。

一是与直接定植到果园相比，可以减少管理用工、降低管理成本。1万棵苗种植在果园中，可以种植10~15亩，而集中假植管理只需要2~3亩地，因此除草、打药、施肥灌溉、防寒等需要的人工可以减少2/3以上；而且管理到位、幼树长得快、长得好。

二是集中假植培育，方便病虫害防治。果树的幼年阶段，主要是长植株，每年可以抽生3~6次新梢。集中管理，尤其在网室内管理，有利于提高用药效率，有效防治木虱等虫害，减少果树幼年期感染黄龙病或其他病虫害的概率。

三是有利于果园综合安排，减少果园经营风险，提高果园经营效益。幼树集中管理，不仅方便果园整理，而且方便果园种植绿肥或其他经济作物，提高果园效益。

壮苗大苗培育时，需注意以下几点。

一是露地培育时要先改好假植地的土壤，一般可以按土壤：腐熟有机质 =1：（3~8）的比例混配，每亩可以添加 100kg 优质复合肥，用旋耕机混匀并整平、做厢（厢宽度和深度根据方便操作和排水原则进行确定）。幼苗定植株行距为（30~40）cm × 50cm。

二是营养袋进行培育时要事先配好营养袋土，采用滴灌系统或施肥枪管道系统灌水、施肥。如果有条件，夏季搭遮阳网。

三是重要病虫害，尤其是黄龙病流行地区，要采用网室培育大苗、壮苗。

四是露地假植的大苗种植时，需带土球移栽。

四、高接换种

在原有老品种的骨干枝上嫁接优良品种，因其嫁接部位较高，有别于砧木苗的低位嫁接，所以称为高位嫁接，简称高接（图 4-5）。可以利用高接换种对老果园品种进行换种，提高果园效益。一般当年春季枝接，管理到位，翌年每亩即可结果 500kg 以上，第 3 年可以恢复正常产量（图 4-6）。

图4-5 高接换种（刘永忠摄）

高接换种注意事项如下几点。

一是高接树龄最好在 15 年以内。

二是高接换种要注意砧木选择。高接多数是二重接，即是基砧、中间砧、接穗品种形成的三位一体，它们相互之间的影响要比普通嫁接要复杂得多。柑橘高接以后的亲和性不佳，除种性原因外，有不少情况是由于中间砧或接穗品种感染病毒所引起的。如温州蜜柑隐性感染柑橘衰退病毒，若其上高接对这种病毒敏感的橘橙、橘柚类品种，则会出现接口愈合不良，导致生长不良，树势衰弱。

三是高接位置一般在 50~70cm 较好，高接头不宜过多，3~10个头为宜。

四是高接萌芽后要及时分步除萌、去薄膜和立支柱等，加强病虫害防控。

图 4-6　高接换种第 3 年结果状（刘永忠摄）

第五章

现代柑橘园建设

现代果园是适应时代需求、能够生产优质水果、产生高效益的果园。现代果园一定要规范，园、路、水、电、林等基础设施需要合理配套，便于生产标准化、管理机械化，能够生产优质果实，实现高效的果园。成为现代果园，必须从果园建设开始。

一、园地选择

为了降低园地整理、生产管理成本，提高果园生产效益，建设现代果园必须在品种适栽区域选择合适的园地，不可逆天而为，随意采用设施来弥补环境条件的不足。具体要求如下。

一是坡度选择地下水位较低、坡度在15°以下的缓坡地或平地（图5-1），建设现代高效果园千万不要选择大于20°坡地。

图5-1 平缓地建园（刘永忠摄）

二是土壤建园应尽量选择土层深厚（60cm以上）、土质疏松、有机质丰富、排水性能好（地下水位1m以下）和微酸性（pH值5.5~6.5）的土壤。

三是水源建园应选择水源丰富、无污染或有利于建造水池的地方，以解决喷药、灌溉用水。水源水质要求为：pH值5.5~7.5，总汞≤0.001mg/L，总镉≤0.005mg/L，总砷≤0.01mg/L，总铅≤0.1mg/L，铬（六价）≤0.1mg/L，氟化物≤3.0mg/L，氰化物≤0.5mg/L，石油类≤10mg/L，氯化物≤250mg/L。

四是选择交通比较便利的地方建园，以便解决机械行驶和肥料、果实运输问题。

五是自然环境橘园应远离大型工厂、生态隔离较好的地方。大气质量总悬浮颗粒物≤0.3mg/m³、二氧化硫≤0.15mg/m³、二氧化氮≤0.12mg/m³、氟化物（以F计）≤7μg/m³。

二、园地规划

园地规划的核心要方便管理（省力），有利于提高果实品质、采摘和运输。核心内容规划要点如下。

1. 生产小区规划

小区的划分应遵循方便田间管理的原则，单个生产小区内气候土壤条件基本一致，只能种植一个品种。地势平坦的橘园可以根据管理条件按照2~10hm²划分一个生产小区，地势比较复杂的橘园可以1~2hm²划分一个生产小区。单个小区内尽量平整为一个整体（图5-2）。

图5-2　生产小区尽量平整为一个整体（刘永忠摄）

2. 道路规划

橘园道路应规划主干道、支道和作业道，现代园区道路设计原则是确保农用机械在园区内满园跑。主干道与园区中心相连，一般宽度6~8m，同时与附近交通要道相通，方便大型车辆进出。支道是主干道或园区中心连接生产小区之间的道路，也是小区之间的 分界线，一般宽3~4m，主要通行拖拉机、三轮车等农用机械。作业道是小区内进行田间操作的道路，一般1.5~2.5m，作业道一般与园区的行间结合在一起，同时与支道相连接（图5-3）。对于一些立地条件确实不佳的现代果园，可以考虑安置轨道或无轨运输车，以方便生产资料和果实运输。

图5-3 现代园区支道和作业道 （刘永忠摄）

3. 水电系统

按照"水电供应到园，沟渠贯通到园"规划。橘园生产用电按电力安全要求，电线架设到田，设施规范。小型橘园应有220V电源，大型橘园应架设380V电源，便于机械作业。

橘园应结合道路系统规划好排灌系统。排灌系统的规划不能妨碍农用机械在田间的操作和管理。园区一定要配套修建蓄水池

（20m³/亩），条件满足则规划橘园滴/微喷灌系统（图5-4）。

图5-4　园区蓄水池（左，谢合平摄）、水肥一体化系统（中和右，刘永忠摄）

　　果园内配套灌排沟渠，沟渠与蓄水池相连，以收集、储存自然降水。排水沟位于支道两侧（图5-5）。平地果园排水沟深80~100cm、宽80cm，山地果园排水沟宽30cm、深35cm，混凝土构造，或用同等规格的"U"形槽。排水沟可建在

图5-5　果园排水沟（谢合平摄）

田间作业道两旁，也可独立建设。截雨面积较大的橘园，应在橘园上端建设拦洪沟或排水沟，规格为宽1m、深1m。梯田内侧修围沟，围沟宽30cm、深20cm。若水田调整为柑橘园，则必须高规格建设主排水沟、围沟和厢沟。主排水沟、围沟要求深1m、宽80cm。

　　4.辅助建筑

　　在园区中心、交通便利的地方建设办公和生产管理用房，用于办公、贮藏果实、放置管理机械、工具等。大型橘园还应建设周转场，在地势相对平坦的主干道和支道旁边，用混凝土浇筑或铺设沙石，用于果实采收的周转和生产资料临时堆放，面积300~500m²。

5.防风林

现代果园建设防风林（图5-6），目的在于改善果园的生态环境条件，保证果树正常的生长发育，同时进行生态隔离，减缓病虫害传播速度。防风林分主林带和副林带，一般主林带栽植高大的乔木，4~6行，林带宽度6~15m，副林带栽植小乔木或灌木，1~2行，宽度1~2m。防风林最好在建园前营造，林带和附近的柑橘树应相隔2~3m。防风林树种一般选择本地的、与柑橘没有共同病虫害的树种，或者不是柑橘病虫的中间寄主植物。最好选择速生、高大直立、经济效益好的树种，如樟树、杉树、马尾松、木麻黄、竹（桂竹、丛竹）、紫穗槐、女贞等。

图5-6 橘园防风林（左图，谢合平摄；右图，刘永忠摄）

三、园地整理

建设现代果园，在苗木定植前一定要对园地进行整理，以方便后期管理省力，降低生产成本。园地整理的时间一般是苗木定植前3个月左右，具体包括整地和改土两个方面。对于坡度在15°~25°的园地，需要进行坡改梯操作。当坡度较小时，梯面可以整成3m宽，稍微向内倾斜1°~3°，梯面向外1/3处微起1~1.5m宽的垄，在其上种树（图5-7左）；而当坡度较大时，则梯面较窄，可以梯面向里留50cm左右的作业道，而梯面向外再整一个1~1.5m长的微斜面，在上面种树（图5-7右）。

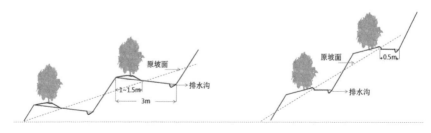

图 5-7　坡改梯田示意图（刘永忠绘）

对于平地或缓坡地则在种植槽改土后采用南北向起垄即可。改土包括种植区域土壤 pH 值调整和土壤质地改良两个方面。根据种植株行距用石灰画好种植线，采用小型机械或挖掘机沿种植线挖宽60~80cm、深40~50cm 的沟，然后回填粗糙有机质，建议每 667m² 回填 2~4t 腐熟的渣草、厩肥或 1t 左右的饼肥 +150kg 过磷酸钙 + 150kg 复合肥+适量石灰。回填完有机质后，再用挖掘机回填园土，刚开始回填园土时，用挖掘机将园土和回填有机质简单混匀，然后再在上面继续回填园土，最后整成一个垄宽1.5m、垄高50cm左右的弧形垄，1年后垄弧顶高度20~30cm（图5-8）。

图 5-8　平缓地抽槽、种植穴改土和起垄（刘永忠摄）

种植穴土壤 pH 值的调整根据土壤类型不同而存在差异。柑橘适宜的土壤 pH 值在 5.5~6.5，对于酸性土壤可以在种植穴回填有机质时添加适量石灰、白云石、氧化镁等，具体用量根据土壤 pH 值调到 pH 值 6.0 的标准测试确定，对于碱性土壤则不添加石灰，而是添加适量硫酸亚铁或硫黄粉等。

四、苗木栽植

1. 定植时期

容器苗定植一般不受季节限制，在春、夏、秋季均可定植，气温高、无霜冻的地方冬季也可以定植。传统露地苗根据各地气候条件差异，一般分秋栽和春栽两种，以秋栽为好，因气温较高，定植后根系能够恢复，翌年能抽发新梢，利于树冠快速扩大，但土温低于 12℃时不适宜栽植。长江流域以 3 月和 9—10 月定植效果最好。

2. 定植密度

现代柑橘园的定植密度以及树形的培育等均要充分考虑大中型农用机械的使用。现代柑橘园建议株行距（1~2）m×（3.5~5）m，对应培育成小冠树形或单干树形。

3. 定植苗的规格

从专业育苗单位选购 2~3 年的无病毒大苗木，最好是带土球苗（图 5-9 左）或容器大苗，做到当年栽当年或翌年结果。

4. 栽植方法

起垄以后根据株行距用石灰定点（图 5-9 中），然后在规划的栽植点上先挖好栽植穴，将带土球的柑橘苗或去掉容器的容器苗放入栽植穴，扶正苗木后，周边填入干湿适度细土、压实，使根系与土壤紧密接触，直至全部填满（图 5-9 右），注意把根颈部位留出地面。

5. 定植后管理

苗木定植后，应浇足定根水，一般每株浇水 15~20kg。苗木成活后，可勤施薄施稀粪肥，以促进苗木根系生长。在有大风的地区，苗木定植后在主干旁边插上一根支柱将苗木固定。后期注意抓好红黄蜘蛛、蚜虫、潜叶蛾、疮痂病、炭疽病等病虫防治工作。

有条件的果园，苗木定植后立刻安装水肥一体化的滴灌系统，进行省力化水肥管理。

图5-9　带土球大苗起垄定植（左图，谢合平摄；中图和右图，聂雄飞摄）

第六章

柑橘土肥水管理

柑橘优质高效与合理的土肥水管理密切相关。良好的土壤条件、精准施肥和科学的水分管理是提高柑橘产量和品质的重要保障。

一、土壤管理

土壤管理的目的是维护或改善根系生长区域的土壤质地，提高土壤有机质含量和控制杂草，为柑橘生长发育提供良好的水、肥、气、热等土壤条件。具体包括深翻改土、全园浅耕、行间间作或生草、垄上覆盖、培土等管理措施。

1.深翻改土和全园浅耕

对于定植时没有对定植穴改土的果园，可以在秋梢停止生长后或果实采收结束后进行。根据树冠大小，一般离主干20~100cm（树冠越大，离得越远）开宽30~50cm、深40~60cm的沟，回填绿肥、秸秆或经腐熟的人畜粪尿、堆肥、厩肥、饼肥，以及绿肥、柑橘修剪的枝叶等（图6-1左），具体操作和用量参照建园改土。冬季12至翌年1月，结合清园，用旋耕机对全园进行浅耕（<20cm），以减少土壤板结，破坏病虫害越冬环境（图6-1右）。

图6-1　深翻改土和全园浅耕（谢合平摄）

2. 橘园间作和生草

现代果园采用宽行密株矮冠的栽培模式，可以充分利用宽行的空间间作经济作物、生草或种花等，不仅能增加土地利用率，提高短期经济效益，而且还可以减少水土流失，控制园间杂草，改善生态微环境，增加土壤有机质含量，提高果园观光效果等（图 6-2）。

图 6-2　橘园生草、间作豆科作物、绿肥和种花（谢合平摄）

在柑橘树行间禁止种植玉米、油菜等高秆作物和其他经济林木，以及与柑橘有共生性病虫的作物。优良草种有黑麦草、藿香蓟、百喜草、三叶草、紫穗槐、肥田萝卜、豌豆、蚕豆、印度豇豆、光叶苕子、紫花苜蓿等，适宜种的花品种有百日菊、硫华菊、波斯菊等。无论是人工生草（花）还是自然生草，都应及时除去高大杂草和恶性杂草。橘园限制使用除草剂，在果实生长的中后期，可采用人工或割草机械刈割后覆盖于树盘。

3. 垄上覆盖

现代柑橘果园建议采用微起垄栽培，这样方便控水，通过控水可以很好控制树冠。微起垄栽培后，一般建议垄面进行园艺地布覆盖（图6-3左），或者行间生草刈割后覆盖于垄面上（图6-3右），起到控制杂草、夏季降温保湿和避雨、冬季保温防寒的作用。

图6-3　垄面覆园艺地布（谢合平摄）或割草覆盖（邝春景摄）

4. 培土

培土在冬季浅耕松土后进行，不仅可以维护垄面，在冬季有低温的产区还可以有效预防冻害。在垄面和主干下培入无污染或经无害化处理的塘泥、河泥、沙土或柑橘园附近的肥沃土壤，厚度8~10cm，注意不要埋掉根茎。

二、营养管理

根据国家柑橘产业技术体系岗位科学家综合各地不同柑橘品种研究结果，每生产1 000kg柑橘，平均带走氮（N）1.75kg，磷（P_2O_5）0.53kg，钾（K_2O）2.40kg，钙（Ca）0.78kg，镁（Mg）0.16kg，N：P：K比例约为3：1：5。因此橘园周年不同时期需要进行合理的营养管理，以补充果实带走的营养和满足柑橘树正常生长发育、开花坐果需要。营养元素过多或缺乏，都会造成树体或果实营养失调，影响生长、产量和品质。

施肥按照"以果定肥、因树施肥、矫正施肥"的原则，本着土壤和树体缺什么补充什么，在做好土壤检测和树体营养状况分析的基础上，根据树体不同生长季节制定配方和用量。总体来讲，要做到"有机肥与无机肥料相结合，大量元素与中微量元素相结合，速效肥料与持效肥料相结合，土壤施肥与叶面喷施相结合"。

1. 幼龄树施肥

幼龄树主要是进行营养生长、培养树冠，因此施肥的主要目的是促使多次发梢，应采取"少量多次、低浓度"的施肥原则，在2—8月每次新梢抽生前用施肥枪（图6-4左）或利用水肥一体化的滴灌系统或在株行间开沟（图6-4中、图6-4右）浇施2~3次水溶肥，以促进春、夏、早秋梢的生长。水溶肥以高氮低钾类型为主，新梢老熟阶段则用低氮高钾类型水溶肥。

图6-4 施肥枪施肥和开沟施肥（左图，袁野提供；其他图，谢合平提供）

2. 成年树施肥

成年树主要是维持营养生长和生殖生长平衡，过去一年施4~6次肥，现在每年施2次肥即可，即秋季10月前后开沟施一次有机无机混合肥和6—7月的壮果肥。秋季施肥时沿行向开宽20~30cm、深40~50cm的沟（离主干50~70cm，在微垄边缘），建议每株施优质有机肥（饼肥）3~5kg+优质 NPK 复合肥 1~2kg+钙镁肥 1~2kg，然后与土适当混匀，同时将周边绿肥或杂草埋入沟中，最后用土覆盖好。壮果肥在 6—7 月第二次生理落果结束后进行（如果为了保果，可以在第一次生理落果结束后开始施肥）。同样采用开沟施肥，此时可以株间开宽约 20cm、深约 40cm 的沟，建议每株施 1~2kg 的优质 NPK 复合肥和腐熟的有机肥 1~2kg。

以上施肥用量是参考值。施肥用量受品种、树龄、结果量、土壤条件等多重因素影响，目前比较通用的有理论推算法、统计折算法、营养诊断法等，在生产实践中比较麻烦，建议以本地农业部门提出的施肥用量为参考依据。

施肥方法有开沟施肥（环状开沟和条状开沟）、滴灌系统施肥、挖穴施肥、叶面施肥等方法。正常情况主张开深沟施固体肥，或利用滴灌施肥系统、施肥枪等采用正确的流程施水溶肥。由于劳动力不足，现在还出现浇施和撒施，这两种方式很容易导致根系上浮、树体抗逆能力大大下降。

三、水分管理

水分过多和缺乏都对柑橘生长不利，柑橘生长最适宜的土壤水分为土壤持水量的 60%~80%。土壤水分过多（土壤持水量 >80%）或不足（土壤持水量 <60%），则需要采取相应的排灌措施。一般柑橘树在春梢萌动及开花期、果实膨大期及采后对水分敏感，这几个阶段发生干旱应及时灌水。柑橘树体是否干旱不能从叶片出现萎蔫来判断，叶片开始萎蔫卷曲才灌水则为时已晚。夏秋季节一般连续高温干旱 10d 以上，冬春干旱 20d 以上就需要灌水。果实成熟期，轻微干旱可不灌水，而降雨过多的成熟期建议采取措施避水（如地面覆盖薄膜）。

　　每次灌溉，一定要灌透，这样才有较好的效果。如果仅仅浸润表层或上层根系分布的土壤，不仅达不到灌水目的，且因多次补充灌溉，容易引起根系上浮、土壤板结。久旱后灌水，切不可一次猛灌，否则会造成大量裂果，或抽生大量晚秋梢，造成不应有的损失。

　　柑橘园的灌水方法有漫灌、沟灌、浇灌、施肥枪灌溉、喷灌、滴灌等方式。以施肥枪灌溉、滴灌的效果最好。

第七章

柑橘树体管理

与苹果、梨、桃等落叶果树相比，柑橘的树体管理任务算比较轻松。但在当前劳动力缺乏的情况下，采用过去的树体管理模式，即使是比较轻松的树体管理也很难做到位，往往会导致树体庞大。许多树体高度达到 5m 以上，冠径也超过 4m，一方面导致树冠内透光不良、内膛空虚、结果部位外移；另一方面导致果园郁闭、树体内部枯枝增多（图 7-1），极大增加了病虫害防控的难度。

图 7-1 的树体状况也是目前多数柑橘老果园的状况，致使果园管理效率低下、成本增高，同时果实品质下降、卖果难现象经常发生。因此在新形势下，采用新的树体管理模式，对柑橘优质丰产则显得非常必要。

图 7-1 管理不到位对柑橘果园和树体的影响（刘永忠摄）

一、柑橘枝梢和树体特点

掌握柑橘枝梢和树体特点对新的树形培养具有重要意义。柑橘类植物成熟枝条上面所有的芽均为腋芽，顶芽只有在新梢未老熟前才存在（图7-2左）。柑橘新梢伸长生长一段时间后，嫩梢顶端就会发生自动脱落，形成"自剪"现象，脱落处的腋芽取代顶芽的位置而成为假顶芽（图7-2中），也正因为如此，柑橘新梢一旦发生自剪现象，表明新梢开始成熟。

柑橘芽在枝梢成熟以后，只要环境和营养条件合适，就能马上萌发抽梢（一年可以抽3~6次，甚至更多次新梢）。由于柑橘枝梢是由假顶芽替代顶芽向上生长或延长生长的，因此不同时段生长的枝条之间会有一个节痕、枝梢弯曲延伸，呈假合轴分枝生长（图7-2右）。

图7-2　柑橘新梢自剪以及假合轴分枝生长（刘永忠摄）
（注：红色箭头分别表示顶芽、顶芽自剪脱落处、节痕）

柑橘枝梢由于没有顶芽，顶端优势相对较弱，因此在抽梢的时候，枝梢上部的几个芽通常会一起萌发，构成丛枝状特点（图7-3左）。柑橘枝梢上每一个芽位点还有一个主芽和多个副芽，一般情况下只有主芽萌发，但是营养水平高或者主芽死亡或抹除，就会刺激主芽周边多个副芽的萌芽（图7-3中）。柑橘枝梢上的潜伏芽寿命比较长，

当采用一定修剪刺激措施，可以刺激潜伏芽整齐萌发（图7-3右）。

也正因为柑橘枝梢生长的一些特性，柑橘树冠自然情况下一般会成为自然圆头形（图7-4左），有少部分品种，如椪柑，容易形成直立紧凑树形（图7-4右）。而没有采取合理的树体管理措施，往往会使树冠高大、郁闭，内膛空虚，降低田间管理效率、影响果实产量和品质。

图7-3　柑橘枝梢生长丛枝状（左，李江波摄）、复芽（中）和
潜伏芽（右）特点（刘永忠摄）

图7-4　柑橘树冠性状（左，自然圆头形；右，紧凑直立形）（刘永忠摄）

柑橘的结果母枝和结果枝因品种和管理水平不同也存在差异。结果母枝是指第二年可以在其上面萌芽、开花坐果的枝梢（图7-5）。正常情况下，当年形成的最后一批梢（末级梢）只要能够及时老熟，就可以成为主要的结果母枝。所以根据营养情况、气候条件和管理水平，柑橘的主要结果母枝就可能是春梢、早秋梢，甚至晚夏梢或晚秋梢等。要想保证连年丰产，核心就是保证当年产量和品质的同时，为翌年培养适当数量的高质量结果母枝。结果枝则是从结果母枝上萌发、承载果实的枝梢，一般分为有叶结果枝（图7-5左）和无叶结果枝（图7-5右）两种类型。结果枝的类型除与品种特性有关外，也与栽培管理水平密切相关。一般情况下，结果母枝上形成串状果实（即着生多个短的有叶结果枝和无叶结果枝）的品质较好，且大小比较均匀，商品率高。

图7-5　柑橘结果母枝和结果枝（刘永忠摄）

二、优质丰产对树体要求

随着劳动力的缺乏和劳动成本增加，很显然过去的一些柑橘树形已经不能适应新形势下的需求，即新形势下树形必须方便人的简单、傻瓜化管理，方便机械管理或智能机器人管理。鉴于此，现今种植柑橘要想达到优质丰产的目的，树形必须满足以下两个方面的要求。

1. 冠幅变矮、变小

柑橘过去采用自然圆头形，最后的树冠高和冠径均会达到3m以上，如椪柑、柚类等柑橘的冠高和冠径甚至超过5m（图7-6左）。因此为了适应劳动力短缺等状况，必须将树形变矮、变小，即树冠冠高≤2.5m，最好在1.5~2m，冠径控制在1.0~2m（图7-6右上）。

2. 树体结构简单化、树形变扁

传统的树形结构是主干上有2~5个主枝，每个主枝上配置1~3个侧枝，侧枝上还会有3级枝或4级枝等，从而构成一个庞大而复杂的树体结构。这种树体结构对树体管理技术要求比较高，需要长期研习才可能较好掌握。现今则要求树体结构简单化，最好是单干型（图7-6右下）或仅只有简单的骨干枝（2~3个主枝，每个主枝上最多有1个侧枝），在单干或骨干枝上直接培养结果母枝，让树形变为扁形（骨干枝沿东西或南北方向延伸）。

图7-6　现代柑橘树形变化要求（刘永忠摄）

三、适宜树形培育和维护技术

适应现代省力化栽培管理的柑橘树形是一个新事物，相关培育和维护技术正处于一个探索阶段，后期还需要不断总结完善。综合来看，小冠和单干或圆柱形是适合省力化栽培管理技术应用的树形，而对于老果园果树的改造则要求变矮、变扁和树体结构简化。

树形培育和维护涉及4个关键技术，即短截、回缩、疏除和甩放。短截是针对一年生枝条，剪掉一部分的技术。剪掉1/2为中度短截，剪掉2/3~4/5为重度短截，从基部剪掉（留桩<1cm）为极重短截；回缩则是针对多年生枝梢群，在合适的分枝位置剪掉分枝位置上部分枝梢的技术（图7-7）；疏除是彻底从基部去掉枝梢；甩放则是不动剪刀，任其生长。

轻度短截　　　中度短截　　　重度短截　　　留桩短截　　　回缩

图7-7　短截和回缩技术示意图（袁野绘）

1. 小冠树形培育和维护

小冠树形定义为树冠高度<1.8m，冠径<1.5m，主干高度0.5m左右的自然圆头形或自然圆头波浪形树冠（图7-8）。

（1）小冠树形培育。小冠树形方便田间管理，其培育过程相对简单，且结果早，培育过程如下。

选择健壮好苗（高度>1m，嫁接部位直径>1cm）进行定植。定植时间为秋季10—11月或者春季萌芽前（2—3月）。

定植完成后至萌芽前进行定干：高度60cm短截，主干40cm以下的分枝全部去掉。

图7-8 小冠树形——圆头形（左）和圆头波浪形（右）（刘永忠摄）

随后整个一年的生长季节进行正常的肥、水、病虫害管理，让其自然生长，仅去掉主干40cm以下抽生的萌蘖。去萌蘖另一个有效的方法是主干用软的塑料或泡沫管/板套住即可（图7-9），这样不需要经常去除萌蘖。

图7-9 小冠树形培育（刘永忠摄）

采用小冠树形进行种植柑橘的时候需要注意，由于小型树冠的单株产量比较低（<50kg/株），因此为了保证单位面积产量，需要适当缩小株距（1~1.5m）。

（2）小冠树形维护。如何维持小型树冠,不能完全依靠修剪技术,需要结合砧木,肥水管理进行。

采用亲合力好、生长势较弱、具有矮化效果的砧木，目前枳砧较好。

通过提早结果控制树势。过去一般是第 3 年开始坐果，如果是培养小冠树形，在第一年树冠达到一定高度（>1m）后，就可以考虑适当挂果，以削弱生长势。如图 7-10，在同等情况下，结果的树夏季基本上没有抽生新梢，而没有结果的树则

图 7-10　结果与不结果对树冠控制的影响（刘永忠摄）

抽生较长的新梢，树冠进一步扩大。

进入结果期，10—11 月开深沟施底肥（优质有机肥 + 钙镁磷肥）。开沟位置离主干 40~60cm 范围、沟深 40cm 左右，起到断根限冠的作用。

春季不主张追施速效肥，6 月下旬至 7 月中旬左右施适量（根据结果多少）低氮高钾的壮果肥。主张采用水溶肥，在株间施灌（没有滴灌系统的可以采用施肥枪施肥）。

无水不成梢，为了更好地控制树冠，要求建园的时候进行微起垄栽培（见现代果园建园章节）、垄上覆园艺地布（图 7-10），这样可以避开雨季的降雨，控制新梢抽生。

春季萌芽前对树冠进行简单修剪：回缩过高（>1.8m）、过长（>0.7m）大枝，疏除过密枝、病虫枝、枯死枝即可。如果是培养秋梢为结果母枝，则在 7 月中旬前后对骨干枝上部分长的、未结果的枝梢进行短截或回缩即可，使树冠高度控制在 1.8m 以下，冠幅控制在 1.5m 之内。

2. 单干或圆柱树形培育和维护

柑橘的单干或圆柱树形定义为高度 <2.5，冠径 ≤ 1m，只有假轴主干，主干上没有主枝和侧枝，主干离地面 40~50cm 均匀分布不同大小的结果枝组（图 7-11 左），一般需要两年时间才能培养成功。

（1）单干或圆柱树形培育。单干或圆柱树形是另一个方便田间管理的树形，其培育过程相对复杂。虽然苹果方面已有一定经验，但是柑橘单干或圆柱树形培育目前还在探索研发过程中，以下步骤仅供参考。

选择健壮好苗（光干苗、不要分枝，高度 >1m、嫁接部位直径 >1cm）进行定植。定植时间为秋季 10—11 月或者春季萌芽前（2—3 月）。

定植完成后至萌芽前进行定干：高度 40~50cm 处找一健壮芽上方进行短截，主干 40cm 以下的分枝全部去掉。

图 7-11　柑橘单干或圆柱树形及培育（刘永忠摄）

立支架：在株间每隔4~10m立一根3m的钢管/或水泥柱（0.5m埋在地下），在离地1.5m和2.5m处分别牵一根钢丝绳。每棵幼树旁边插一根约3m长的竹竿或小钢管，竹竿/小钢管与钢丝交界处用扎丝固定。没有大风的地方，也可以考虑不要立支架，直接插竹竿等即可（图7-11右）。

春、夏、秋梢抽生期间每隔3~5d在幼苗旁边施灌一次水溶肥（建议N:K_2O=1:1，施用量每次0.2gN和0.2gK_2O左右，具体用量需要根据土壤、天气情况进行调整）。

随时将顶梢绑在竹竿上，维持其顶端和垂直优势，促其快速长高。

当高度长到2m左右，停止施灌水溶肥，也不需要再将顶梢绑直在竹竿上。控水、控肥促其快速老熟。

第2年春季萌芽前，极重短截主干上的所有较大分枝（枝梢直径>对应主干直径的1/4~1/5）；或采用其他措施（有待试验）使主干上未分枝的部位萌芽抽枝，最终保证主干40cm以上平均10cm左右有一个分枝。然后加强叶面病虫害管理，任其自然抽枝生长。

第2年主要是促进分枝，因此在新梢生长季节基本上不施肥，在夏季通过覆膜控水，控制抽生夏梢。可以在早秋梢抽生前中度短截部分长的枝梢，促进整齐抽生秋梢。在10月中下旬在离主干40cm左右位置开沟断根施底肥（优质有机肥＋钙镁磷肥，具体用量根据实际情况试验确定），为促进花芽分化和第3年坐果做准备。

（2）单干或圆柱树形维护。柑橘单干或圆柱树形是一个新鲜事物，其维护目前还在探索之中。总体原则是及时去掉主干上日渐长大的结果枝组，培养新的结果枝组。在维护树形和树冠大小的前提下，保证营养生长和生殖生长平衡。

3. 老果园树体改造技术

老果园往往是树体高大、果园郁闭（图7-1），必须要进行缩冠改造，才能方便操作，使田间管理到位，提高果实品质。老果园树体改造主要采用"掐头、去尾、缩冠、疏枝"八字缩冠技术（图7-12）。

（1）掐头。对于树冠中突出较高的大枝，通过中下部适当位置进行回缩，使树冠总体高度控制在2.5m以内。

（2）去尾。去掉骨干枝（包括主干、主枝、侧枝）离地面高度在50~60cm的辅养分枝。

（3）缩冠。对于过长的延长枝组等，在适当部位进行回缩更新，使树冠冠幅变小（冠径≤2m）。

（4）疏枝。疏除树冠内过密大枝、枯枝等，改善树体内通风透光状况。

图7-12 老果园植株树体改造（刘永忠摄）

老果园树体改造时间以春季萌芽前进行改造为宜；改造完毕后对于大的伤口要进行涂保护剂处理，并及时清理出修剪的枝条（最好烧毁处理）。随后整个园区喷施一次1~2波美度的石硫合剂。树体改造完后，当年如果没有坐果，切忌施用速效肥料，可以断根施用适量的腐熟厩肥、枯饼等。

常用的伤口保护剂配置如下。

（1）接蜡涂剂。松香 10 份、猪油 5 份、松节油 2.5 份、酒精 15 份，先将松香、猪油加热熔化待其冷却后再慢慢加入其他原料搅匀，装入瓶中贮存备用。使用时，用毛刷蘸上涂剂涂抹伤口即可。

（2）白涂剂。生石灰 4 份、动物油 0.5 份、水 20 份，先将动物油加热熔化，再用水化开石灰，然后一起混合搅拌均匀，涂于伤口处。

（3）波尔多浆保护剂。用硫酸铜 0.5kg、石灰 1.5kg、水 7.5kg，先配成波尔多浆，再加入动物油 0.2kg 搅拌即可。

（4）牛粪灰浆。牛粪 16 份、熟石灰和草木灰各 8 份、细河沙 1 份，加水调制成糊状即可使用。

（5）沥青涂剂。将沥青加热熔化后，直接用毛刷涂抹伤口，效果很好。

第八章

柑橘花果管理

果实是由花器官发育而来，"花是果之基础，果是产量、效益之源泉"。因此能否科学运用花果管理调控技术，是柑橘是否获得连年高产、高效的主要决定因素。花果管理主要包括3个方面，即柑橘成花调控、果实负载调控和果实品质调控。

一、花芽分化调控

花芽分化是指芽生长点的生理和组织状态向花芽的生理和组织状态转化，最终形成各种花器官原基的过程，完成花芽分化的芽称之为花芽。柑橘的花芽为混合芽，即该花芽萌发时不仅开花，而且还能抽生出枝梢。一般把能够开花并最终挂果的枝梢称之为结果枝，而着生花芽、最终着生结果枝的枝梢称之为结果母枝。

柑橘的结果枝来自有叶顶花枝、无叶顶花枝、有叶花序枝、无叶花序枝和腋花（序）枝5个类型（图8-1）。柑橘一年可以抽好几次新梢，根据抽生时间不同，分别称之为春梢、夏梢、秋梢和冬梢，一般情况下柑橘的春梢和秋梢是主要结果母枝，调控花芽分化也主要是针对春梢和秋梢进行。由于柑橘花芽分化发生的关键时间主要是采果后11月至翌年1月，因此花芽分化的调控时间主要就在这个时候。

| 有叶顶花枝 | 无叶顶花枝 | 无叶花序枝 | 有叶花序枝 | 腋花枝 |

图 8-1　柑橘花枝类型（袁野绘）

1. 促进成花调控措施

在秋梢老熟后，进行拉枝，拉枝角度 60°~70°（图 8-2 左）。

8 月中下旬以后，停止施速效肥和灌水（但也不能过分干旱），有条件的要在树盘范围内避雨。

10 月中下旬至 11 月中旬，树冠滴水线位置开深沟（>40cm），断根施适量优质有机肥 + 钙镁磷肥 + 复合肥。

在 11 月中下旬至 12 月中旬，主枝基部进行环剥（环剥宽度是枝干直径的 1/8~1/10，最终 <1cm）处理（图 8-2 右）。

图 8-2　拉枝和环剥促进成花（刘永忠摄）

以上几种措施单独应用或配合应用，都有较好的促进枝梢上的芽完成花芽分化，即成花效果。

2. 抑制成花调控措施

抑制或减少柑橘枝梢成花的主要措施是加强肥水管理，延迟新梢停止生长，或者在采果后或 11 月前后间隔 2 周连续喷施 1~2 次赤霉素 25~50mg/ L+ 机油乳剂 150 倍液，可以有效减少花芽数量。

二、花果负载调控

1. 保花保果措施

花期喷施保花保果剂：盛花前后连续间隔 1 周左右喷 2 次保花保果剂。保果剂参考成分和浓度可以是 50~150mg/L GA$_3$+ 0.2% 尿素 +0.2% 磷酸二氢钾 +0.1% 硼酸。

提早施壮果肥：在谢花后 2~3 周沿滴水线或两株树之间开沟（深度 40cm）施壮果肥，以腐熟有机肥和优质复合肥 + 适量钙镁磷肥为主。建议按每生产 100kg 果实施 0.20kg N+0.02 P$_2$O$_5$+ 0.2kg K$_2$O + 0.05kg Ca+0.02kg Mg 的标准进行施肥。

加强水分管理，避免花期异常高低温和生理落果，果实膨大成熟阶段异常干旱导致减产。

第 1 次生理落果完成后，对主枝进行环割或环剥处理（图 8-2 右）。注意树势太弱的树不能进行环剥 / 环割处理。

2. 疏花疏果措施

人工疏除花果：主要现蕾时间疏除过多的花蕾、花期疏除劣质花、坐果后疏除小果和劣质果等。疏果多少可以根据目标产量确定。

化学试剂疏花疏果：盛花期喷施 1 波美度的石硫合剂，盛花期和盛花后 1 周之内喷施 100~200mg/L 的乙烯利，谢花后 1~2 周喷施 400~600mg/L 的萘乙酸钠盐，可以疏除部分，甚至全部的花果。注意生长调节剂施用效果跟环境、树势状况和喷施时期的关系很大，需要小心施用。

三、果实提质技术

果实提质是一个综合的措施，涉及果实外观改善、大小均一性和果实风味等方面。以下措施的应用可以在一定程度上提高果实品质。

●在春季萌芽前修剪时，注意去除主干离地 40~60cm 的下垂枝或裙枝（图 7-12 右），避免结果时果实下垂，因病虫害容易浸染等影响果实外观。

●修剪疏除过密枝和回缩过长枝，尽量培养短结果枝，改善果实通风透光条件，减少果实被枝刺等划伤果面（图 8-3 左）。

●加强病虫害管理，减少病虫害对果面不良影响（图 8-3 右）。

●果实第 2 次生理落果完成后，在全园完成病虫害防治的基础上，对大型果实进行套袋（图 8-4 左），可以有效改善果实外观；而在果实成熟期在果园微起垄情况下进行地面覆无纺布或园艺地布等措施（图 8-4 右），提高果实糖分。

●在开花和果实坐果过程中，进行疏花疏果处理（见花果负载调控内容），可以增加果实大小。

●成熟前后采用大棚或树冠盖膜处理（图 8-5），适当延迟采收，提高果实品质。

图 8-3 果实划伤（左）和病虫害（锈壁虱，右）为害症状（刘永忠摄）

图 8-4　柚果实套袋（左，刘永忠摄）和温州蜜柑成熟期地面覆
盖无纺布（右，刘永忠摄）

图 8-5　金柑大棚栽培（左）或树冠覆膜处理（右）（刘永忠摄）

第九章

柑橘病虫害管理

一、柑橘生产过程中常见病虫害

柑橘生产中发生的病虫害有多少，目前没有全面的统计。柑橘的病害主要包括真菌性病害、细菌性病害和病毒性病害，柑橘的虫害主要包括吮吸式的害虫、食叶害虫、花果类害虫和枝干根部害虫等（图9-1）。柑橘生产中目前常见、流行面较广的病虫害有黑点病、炭疽病、溃疡病、黄龙病、衰退病、碎叶病、红蜘蛛、锈壁虱、潜叶蛾、蚜虫、大小实蝇等，黄脉病近年来在柠檬树种上开始流行。

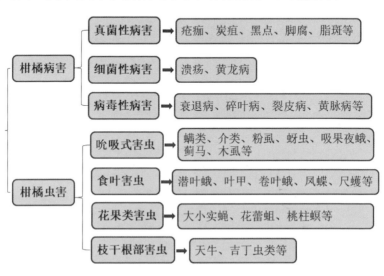

图9-1　柑橘主要病虫害类别（刘永忠绘）

二、病虫害成功防控核心

病虫害的防控不能就病论病，过度依赖化学药剂进行防控，应遵循"预防为主、防治为辅"的策略。成功防控病虫害的关键在于熟悉了解病虫害的生活史和流行规律、有效的药剂和高效的喷药系统。而高效的喷药系统又包括实用有效的喷药设备、合适的喷药时期、规范的果园和树形、简易省力的控梢技术4个方面（图9-2）。

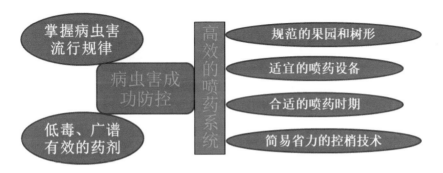

图9-2　成功防控柑橘病虫害的关键要素（刘永忠绘）

掌握病虫害流行规律是成功防控的基础。真菌病害一般会以分生孢子盘、子囊壳、菌丝或者产生分生孢子等形式在病叶、病枝、果柄及病果内越冬，第2年会随着新梢抽生、借助雨水等进行浸染、传播。细菌和病毒性病害一般通过苗木、枝条进行远距离传播，近距离主要通过雨水、风传播（如溃疡病）或昆虫媒介传播（如黄龙病），一旦发生，一般很难彻底防治。害虫一般以卵等形式在叶背、幼叶、枝条、地面草丛或地面浅层土壤（如实蝇）过冬，也有以成虫（如木虱）在叶背过冬，翌年随着新梢抽生而孵化取食等，为害新梢或果实。

使用有效的药剂是病虫害防控的核心。虽然一些物理和生物措施已经大面积用于病虫害防控（图9-3），但是目前成功防控病虫害还离不开化学药剂的使用。在化学药剂选用时要注意尽量选用低毒、广谱的化学药剂，要根据病虫害发生阶段交替、适量用药，以免产生抗药性。

图 9-3　虫害的物理防治（谢合平摄）

　　高效的喷药系统则是成功防控病虫害的重要保证。在规范的果园和树形（矮化、扁冠树形）基础上，应用适宜的设备（如喷雾式打药设备、简易的管道打药设备等），结合控梢技术在合适的时期进行喷药，才能实现在规定时间内防控病虫害的目标。

　　综合全国各地病虫害防控经验，橘园病虫害管理技术要点总结如下。

　　⊕ 病虫害防治要结合栽培管理控梢技术，以预防为主，不能过分依赖农药。

　　⊕ 冬春（12 月至翌年 2 月）清园是病虫害防治关键。

　　➢ 采果后，及时清理树盘杂草，剪除病虫枯枝，开沟深埋处理。

　　➢ 全园喷施 1~3 波美度石硫合剂 / 松脂合剂。

　　➢ 开春萌芽前全园喷一次松脂合剂或波尔多液或矿物油（＋杀虫剂）。

　　➢ 园区浅翻、覆盖。

　　⊕ 4—5 月根据病 / 虫情喷低毒有机磷等药剂。

　　⊕ 6—8 月喷 2~3 次矿物油＋杀螨剂或杀菌剂或拟除虫菊酯类。

⊕ 9—11月根据病/虫情喷药。

不同地方、具体病虫害药剂选用、喷药时间等可参照当地实际情况进行调整。复配药和混合用药要谨慎，避免产生药害或拮抗作用。而对于细菌和病毒性病害防控，则必须加强苗木检疫和感病植株的清除工作。

第十章

柑橘逆境胁迫管理

柑橘生长过程中经常会受到一些逆境如高低温、干旱、大风、雪害、霜害、雾、冰雹等，都会给柑橘的品质带来不良的影响。加强逆境管理，对确保果园丰产、高效益具有重要作用。

一、高低温管理

1.高温预防

柑橘生理活动适宜最高温度为37℃，超过37℃不仅使枝叶、果实和根系停止生长，还会加剧生理落果，造成枝、叶、果实的日灼等，严重影响当年产量和品质。在生产上可采取以下应对措施。

（1）地面覆盖。提倡果园生草覆盖，有条件的橘园用禾秆、稻草等覆盖果树带，提高果园保墒和防高温热害的能力。

（2）抗旱、降温、干旱往往与高温相伴随。有条件的全园灌水抗旱，早晚树冠喷水降温，以增加土壤和空气湿度，降低温度。

（3）开深沟施肥。平时开深沟施肥，引导根系下扎，避免根系受到表层土壤环境条件影响，提高根系和抗旱能力。

2.冻害预防

柑橘对低温较敏感，冬季气温过低会造成柑橘受冻，轻者叶片脱落，枝干受损，重者主干受冻，降低翌年甚至以后几年的产量，严重的可导致树体死亡（图10-1）。

在生产中预防冻害发生是一个系统工程，需要从园地选择、规划、品种和砧木选择、栽培管理措施等方面系统考虑。

（1）选择合适的地方。选择特定柑橘品种的最适宜区和适宜区发展，在次适宜区栽培应选择局部温暖的小气候建园，如大的河流、水库等周边，向阳山坡的逆温层区域。

图 10-1　温州蜜柑（左）和柠檬（右）遭受低温冻害情况（谢合平摄）

（2）在园区规划中，注重防护林建设。在不同种植区外围垂直冬季主要风向的地方种植3~5排防风林。

（3）选用抗寒品种及砧木。不同品种抗寒的强弱顺序为金柑、本地早、温州蜜柑、椪柑等宽皮柑橘，其次为脐橙、甜橙、柚类和杂柑类，最弱的为柠檬等枸橼类。砧木以枳壳抗寒能力最强。

（4）做好防冻准备或措施。做好防冻措施对降低低温危害有很重的作用，具体包含以下一些措施。

① 施肥时采用开深沟、施肥枪或滴灌等施肥方式，引导根系下扎，提高抗低温能力。

② 通过控水、控肥措施，及早促进早秋梢老熟，抑制晚秋梢或冬梢抽生。对于没有老熟的晚秋梢等，及时剪除。

③ 在 10 月中下旬通过开深沟施好采果肥（还阳肥）（有机肥 + 钙镁磷肥 + 少量 NPK 复合肥），以提高树体抗冻能力。

④ 11 月至冻害来临前刷白树的主干用生石灰 30kg、硫黄粉 2~3kg、农用盐和面粉各 0.5kg 和少量植物油，加水 100kg 调制，进行树干涂白，高度可在离地面 1m 以下范围内进行较为适宜（图 10-2 左）。

⑤ 低温寒潮来临前 1 周左右全园灌透一次防冻水，给树体喷施一次叶面肥（矿物油 +0.1%N+0.2% 的 K_2O+0.2% P_2O_5），然后树体覆盖遮阳网（图 10-2 中）、薄膜或无纺布（图 10-2 右）等。

图 10-2　主干刷白（刘进摄）、盖遮阳网和无纺布（刘永忠摄）

⑥ 低温霜冻来临时熏烟，及时摇落树枝上的积雪。低温霜冻来临时进行熏烟，可以暂时提高 1℃ 左右的温度。雪后需要及时摇落树上的积雪（图 10-3），以免积雪压断树枝，加重树体损伤和冻害，以及避免因雪融化时产生的次级冻害。一旦发生冻害后，要及时采取恢复措施。

图 10-3　雪后摇落树枝上的积雪（刘进摄）

⑦ 及时清沟排水。清好边沟及排水沟，做好排水工作，缓和冻害影响，减轻损失。

⑧ 适时合理修剪。气温回升解冻后应及时进行修剪。对冻后枝梢尚好，但叶片枯萎不落的树，应及时摘除枯叶，以防枝梢干枯；对受冻干枯枝梢的修剪，应于萌芽后进行，留下健部，剪除枯死部分。切忌早剪，早剪伤口易感染病害，继续干枯。成年树受冻后会有不同程度的落叶现象，但开花往往很多，并且畸形花比例高，为减少树体营养消耗，提高坐果率，应疏去畸形花和过多的花；对于冻害重的树可不留花，以促使其尽快恢复树势。

⑨ 分类补充营养。对受冻较轻的植株，发生卷叶、黄叶、生长衰弱的树，可用 0.5% 的尿素加 0.2% 的磷酸二氢钾进行根外追肥 2~3 次；早春解冻后，在 3 月中旬前施足春肥，一般株施专用肥 0.5~1kg 或生物有机肥 1~1.5kg，以利恢复生长势，并争取当年有一定产量。冻害重的植株，宜薄肥勤施，以促新梢健壮为目的。

⑩ 橘园浅翻或开沟断根浅耕深度在 20cm 左右，增加园地透气性，提高地温，促进根系吸收水肥。对受冻重的树，在对枝梢重剪的同时，做好抽槽断根工作，以使树势尽快恢复。

⑪ 及时防控病虫。受冻后树势较弱，往往容易引起病虫害暴发，必须加强病虫害的防控工作。重点防治柑橘炭疽病、树脂病。在药剂选择上必须使用高效低毒的无公害农药，可选用50%多菌灵或70%甲基托布津1 000倍液防治，分别在芽萌0.5cm时、新叶展开、新梢老熟前喷药。同时要经常深入橘园检查，做好其他病虫害的防治工作。

二、干旱管理

当天气持续不降雨或少雨时，因水分大量蒸发而造成柑橘生理失水严重，叶片卷曲萎缩，果实停止发育，严重的导致落叶落果。

冬季干旱则会导致树体抗寒性降低。

1. 节水灌溉

现代化的果园，在建园的同时就必须规划好节水灌溉设施，如滴水灌溉系统或管道施肥枪灌溉系统等。一旦果园连续 7~10d 不下雨，或者土壤相对含水量低于 60%，就应该在傍晚及时进行灌溉，灌溉时间以湿润根系为宜。

2. 地面覆盖

用稻草、玉米秆等秸秆或杂草等盖在树盘上，厚度 10cm 左右可以减轻干旱的不良影响。覆盖范围：距树干 5cm 至树冠滴水线外 50cm 左右。种植垄上覆盖园艺地布也可以减轻干旱的不良影响。

3. 剪除新梢

干旱严重且缺乏灌溉条件的果园，如果未成熟的新梢较多，应及时剪除未成熟的新梢，可有效减少树体水分损失，增强抗旱能力。

三、其他胁迫管理

1. 日灼

日灼是枝干、叶片和柑橘果实膨大或成熟过程中，因高温下受烈日暴晒引起的生理性病害。果实表皮受日灼，先变白，继而褐变（图 10-4 左）；枝干（图 10-4 中）和叶片（图 10-4 右）在高温下发生日灼则出现爆皮或叶片发白等现象。高温、干旱、强日照条件下极易发生日灼现象。

图 10-4　果实、枝干和叶片发生日灼现象（刘永忠摄）

预防日灼发生，具体可因地制宜选择如下防治措施。

（1）及时灌水、喷雾。7—8月适时进行灌水或喷雾，提高土壤的含水量和空气湿度，改善果园的小气候，是预防柑橘日灼病最根本的措施（图10-5左）。

（2）果实套袋或套网套（图10-5中），果面尤其是果顶贴白纸（图10-5右）。

（3）树盘覆盖和行间生草。栽培夏季在树盘的周围，沿树冠垂直向下的根系密集处，铺10cm厚的鲜草或秸秆等覆盖物，以利保湿降温；同时提倡橘园生草栽培，改善橘园生态环境。

（4）喷石灰水。在夏季高温时节，对日灼病发生严重的果园可用1%~2%的熟石灰水喷洒向阳的外围果实和叶面，反射强光，降低温度。

（5）搭盖遮阳网。有条件的果园，可在6月搭盖遮阳网，降低日灼发生。

图10-5 预防日灼的措施（谢合平摄）

2. 涝害

受沿海地区台风、长江流域梅雨季节影响，导致降雨分布不均，有时会形成洪涝灾害。橘园积水长时间不能排出，土壤含水量过高，容易造成烂根，叶片发黄，严重的引起落花落果，树体死亡。预防涝害关键在于建好橘园排灌系统，开好畦沟、腰沟和围沟。丘陵山地橘园可利用梯田的背沟排水，平地及低洼地橘园应进行深沟起垄栽培。橘园若发生涝害，应采取以下措施。

（1）及时排水。及时开挖排水沟，清除淤泥和松土，迅速排除园内积水，降低水位。

（2）扒土晾根。扒开树冠下的土壤，进行晾根，以加快土壤中水分的蒸发，待1~3d，天气晴好时再覆土护根，以防烂根。

（3）清除污物。及时清除树体上的污物，有利于枝叶和果实进行正常光合作用和呼吸作用，减少病菌侵入。

（4）补充养分。受涝的柑橘根系吸收能力较差，可用0.3%~0.5%尿素或20%腐熟人粪尿喷施2~3次，或者因树定量叶面施肥，以补足营养恢复生长。

（5）病害防治。用多菌灵、甲基托布津等杀菌剂全面喷洒橘园，以防止急性炭疽病、树脂病、根腐病发生，地表撒施石灰。

（6）中耕翻土。对严重受害树体应及时剪枝（但不宜重剪）、去果和去叶，以减少水分蒸发。土壤因积水而板结的，在积水排干、晴天土壤干燥后及时进行树盘的中耕翻土，改善土壤的通气性。

参考文献

鲍江峰，夏仁学，彭抒昂 . 2004. 生态因子对柑橘果实品质的影响 [J]. 应用生态学（8）：1 477–1 480.

曹炎成，周志成，詹金鸿，等 . 2017. 红肉蜜柚在 4 种中间砧上高接换种的表现 [J]. 中国南方果树，46（2）：71–73.

淳长品，彭良志，雷霆，等 . 2010. 不同柑橘砧木对锦橙果实品质的影响 [J]. 园艺学报，37（6）：991–996.

邓秀新，彭抒昂 . 2013. 柑橘学 [M]. 北京：中国农业出版社 .

李三玉，陈建初，罗高生，等 . 1987. 树冠光照强度对柑橘生长发育及果实品质的影响 [J]. 中国柑橘（3）：2–5.

刘永忠 . 2015. 柑橘提质增效核心技术研究与应用 [M]. 北京：中国农业科学技术出版社 .

刘振，洪励伟，李娟，等 . 2016. 不同柑橘砧木对砂糖橘果实品质的影响 [J]. 广东农业科学，43（8）：39–44.

吴韶辉，石学根，陈俊伟，等 . 2012. 地膜覆盖对改善柑橘树冠中下部光照及果实品质的效果 [J]. 浙江农业学报，24（5）：826–829.

袁梦，张超博，李有芳，等 . 2018. 柑橘高接换种中间砧不同抑萌和除萌处理的效果和成本比较 [J]. 果树学报，35（6）：711–717.

张放，张良诚，李三玉 . 1995. 柑橘开花、幼果期的异常高温胁迫对叶片光合作用的影响 [J]. 园艺学报（1）：11–15.

张福琼，黄先彪，李德雄，等 . 2018. 立地条件对湖北当阳柑橘冬季异常低温冻害的影响 [J]. 中国南方果树，47（5）：15–17.

中国柑橘学会 . 2008. 中国柑橘品种 [M]. 北京：中国农业出版社 .